AF483032

EXTRAIT DU *GÉNIE CIVIL* DU 24 JANVIER 1925

ACCUMULATEUR EN BÉTON ARMÉ

POUR LE STOCKAGE ET LE CHARGEMENT

DU PHOSPHATE DE CHAUX, A KOURIGHA (MAROC)

PAR

F. WILLM

INGÉNIEUR DES ARTS ET MANUFACTURES

PARIS

PUBLICATIONS DU JOURNAL *LE GÉNIE CIVIL*

6, RUE DE LA CHAUSSÉE-D'ANTIN, 6

1925

ACCUMULATEUR EN BÉTON ARMÉ

POUR LE STOCKAGE ET LE CHARGEMENT

DU PHOSPHATE DE CHAUX, A KOURIGHA (MAROC)

L'Office chérifien des Phosphates, chargé de l'exploitation des phosphates du Maroc, vient de faire construire à Kourigha un accumulateur en béton armé (fig. 2 à 8) destiné à stocker le phosphate et à le mettre en wagons pour son transport jusqu'au port d'embarquement, à Casablanca. On s'est fixé comme programme une mise en stock et un vidage entièrement mécaniques, avec un débit horaire élevé.

Le sol étant en plateau presque horizontal (fig. 2), il n'a pas été possible d'étager sur le terrain les installations de préparation mécanique, de mise en stock et de chargement en wagons, comme on cherche toujours à le faire dans le cas de manutentions importantes de minerai, tant pour limiter les frais de premier établissement que pour réduire les dépenses d'exploitation en profitant de la gravité.

Pour assurer le chargement rapide des wagons, il fallait opérer par simple gravité et charger à la fois toute une rame ; dans ces conditions, l'Office s'est décidé pour un accumulateur recouvrant les voies de chargement et formant, en quelque sorte, une gare couverte. Il fallait alors, ou bien enterrer les voies, ou bien les placer au niveau du sol, en surélevant l'accumulateur. L'Office a estimé que cette deuxième solution correspondait au minimum de dépenses et de sujétions.

Les dispositions de principe ayant été ainsi arrêtées, le projet fut mis au concours. Celui de la « Société d'Etudes spéciales », de Paris, fut retenu pour exécution.

A la suite d'un concours ouvert entre spécialistes, l'étude de la partie en béton armé fut confiée à M. Henry Lossier, et les

FIG. 1. — Carte montrant la situation de la mine de phosphate de Kourigha (Maroc).

Etablissements Fourré et Rhodes, de Paris, furent chargés de son exécution.

DESCRIPTION GÉNÉRALE DE L'ACCUMULATEUR.

L'accumulateur (fig. 2 à 8) a 120 mètres de longueur, 60 mètres de largeur (en trois travées de 20 mètres) et 16 mètres de hauteur; il contient jusqu'à 60 000 tonnes de phosphate criblé et séché. Les formes données au fond et à la toiture permettent d'arriver à son remplissage presque total et à son vidage complet par simple gravité; 400 piliers le supportent au-dessus du sol, laissant la place pour le passage de six voies et six allées de

Cliché Flandrin, à Casablanca. (Reproduction interdite.)

Fig. 2. — Accumulateur a phosphate, en béton armé, de la mine de Kourigha (Maroc) : Vue prise en avion, pendant la construction.

service. Enfin, une tour a été placée au milieu de la façade
principale, pour recevoir les élévateurs à phosphate.

Le minerai sec fourni par les ateliers de préparation voisins,
ateliers dont la description sortirait du cadre de cet article, est
amené au pied de la tour (fig. 4) par une large courroie C, versant
dans l'alimentateur rotatif de deux élévateurs E et E', qui occu-
pent l'intérieur de la tour. Ceux-ci remplissent un silo S placé à

Fig. 3. — Vue d'une voie de chargement, sous l'accumulateur.

la partie supérieure de cette tour, lequel forme régulateur de
débit, en permettant l'alimentation constante de deux cribleurs
rotatifs A, dont le but est de retirer du phosphate sec toutes les
impuretés ou les parties pauvres, avant son entreposage proprement dit.

Le minerai, ainsi nettoyé et prêt pour la vente, est emporté
par des courroies D et D', disposées dans des passerelles qui
reposent sur les arêtiers de la toiture; ces courroies répartissent
le minerai dans tout l'accumulateur, selon les besoins,

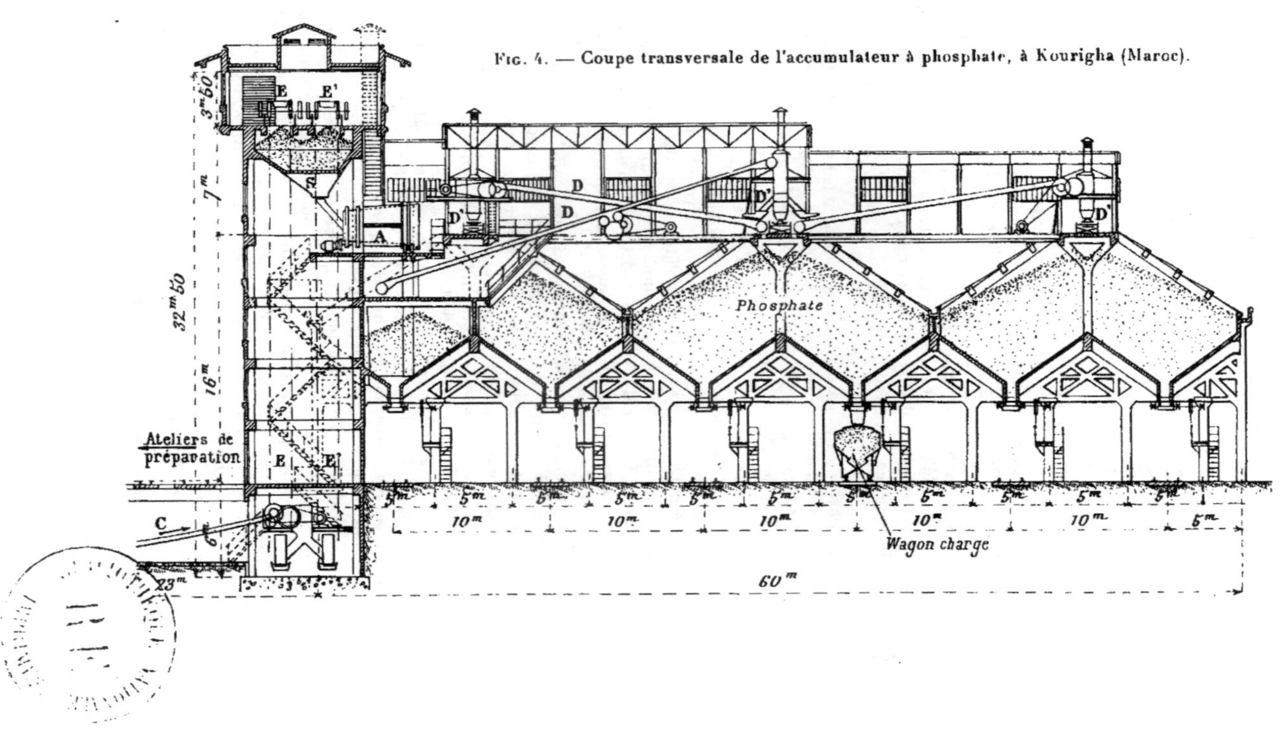

Fig. 4. — Coupe transversale de l'accumulateur à phosphate, à Kourigha (Maroc).

Les opérations que nous venons d'énumérer sont continues et durent 24 heures par jour.

Au contraire, la formation des trains pour le port d'embarquement est intermittente et, afin d'augmenter la rotation du matériel, il a été demandé à l'Office des Phosphates de garder les trains le moins longtemps possible.

Les constructeurs de la partie mécanique ont résolu ce problème en imaginant des trémies à pendules, avec obturateurs cylindriques, placées sous l'accumulateur à l'aplomb des voies, et donnant le moyen de charger automatiquement et presque instantanément les wagons spéciaux pour le transport du phosphate. Le débit de ces dispositions est tel qu'une rame de 300 tonnes peut être chargée en deux minutes sur chacune des six voies que recouvre l'accumulateur.

Trémies. — Les parois inclinées formant les fonds des trémies sont constituées par des séries de voûtes de 4 mètres de portée et 0^m80 de flèche, dont les génératrices sont inclinées à 70 % sur l'horizontale. Ces voûtes, qui mesurent 0^m10 d'épaisseur constante, sont armées à l'intrados et à l'extrados par des directrices de 8 millimètres et des génératrices de 5 milimètres de diamètre.

Le nombre des directrices a été déterminé en envisageant les différents cas de surcharge symétrique et dissymétrique qui peuvent se produire, lors du remplissage et du vidage de l'aclumulateur. Ce calcul a été effectué par la méthode rigoureuse de l'arc élastique continu à plusieurs travées, publiée, dès 1903, par M. Henry Lossier dans le *Génie Civil* [1].

Cette méthode, d'une élégante simplicité, consiste en principe à envisager chaque travée comme un arc reposant sur des appuis fixés par l'intermédiaire d'éléments élastiques fictifs, infiniment petits et dont les déformations coïncident, dans tous les cas, avec les mouvements des appuis (elle constitue une application de l'ellipse d'élasticité).

La composante horizontale de la poussée des voûtes est équilibrée par des tendeurs en béton armé de $0^m18 \times 0^m18$, distants de 0^m90 d'axe en axe, et dont l'armature en aciers ronds varie suivant l'intensité des efforts sollicitants.

Les voûtes des trémies sont supportées par des sommiers transversaux, espacés de 4 mètres. Ces sommiers sont à extrados dentelé, afin d'épouser la forme des trémies, et à intrados rectiligne; ils sont, en outre, élégis par des évidements triangulaires. Au point de vue statique, chaque sommier constitue une poutre continue à section variable, dont les efforts ne peuvent être déterminés que par l'étude des déformations élastiques.

M. Henry Lossier a procédé à cette étude par une intéressante

[1] Voir le *Génie Civil* du 3 janvier 1903 (t. XLII, n° 10, p. 153).

Fig. 5 et 6. — Vues des deux extrémités de l'accumulateur.

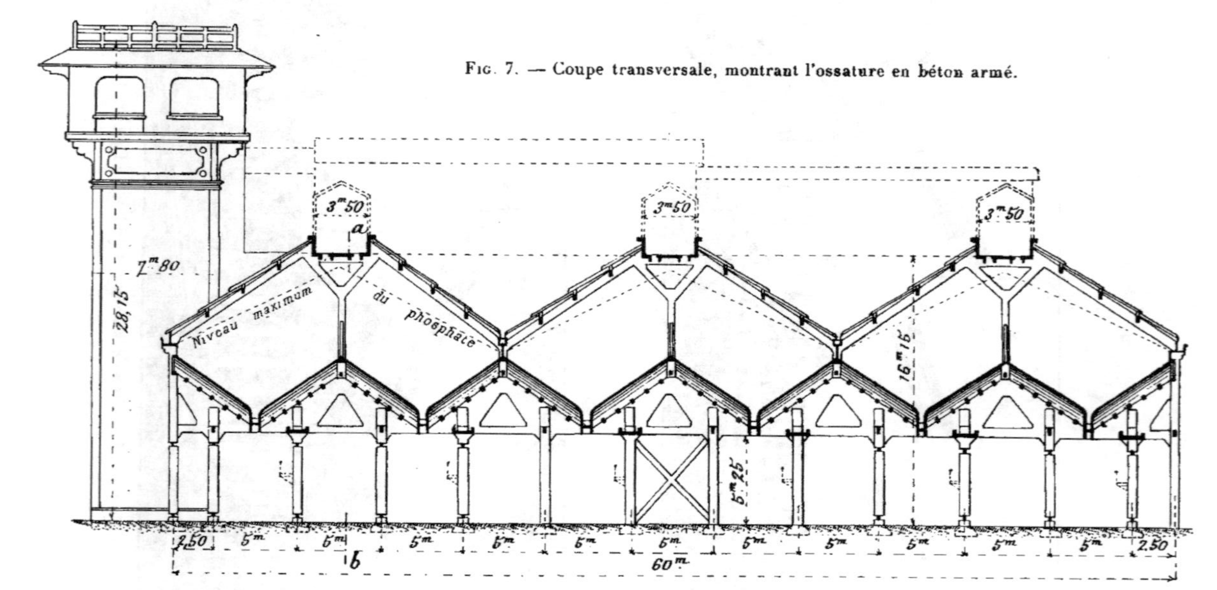

Fig. 7. — Coupe transversale, montrant l'ossature en béton armé.

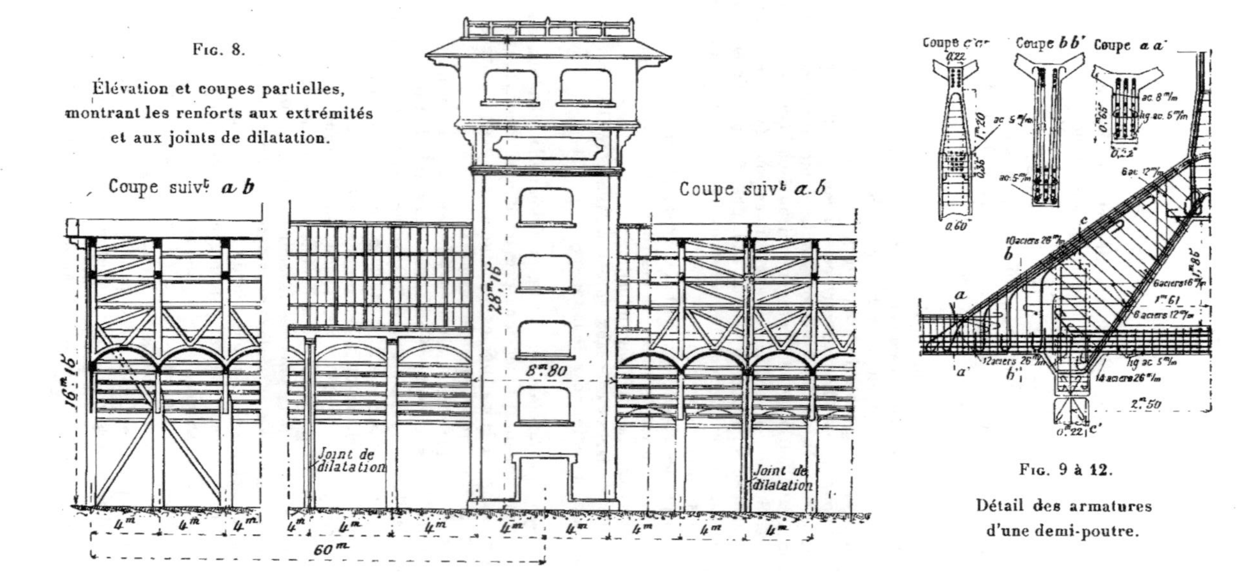

Fig. 8.

Élévation et coupes partielles,
montrant les renforts aux extrémités
et aux joints de dilatation.

Fig. 9 à 12.

Détail des armatures
d'une demi-poutre.

application des principes du travail virtuel et de la réciprocité des déformations, à la détermination des lignes d'influence, lignes qui font ressortir de façon frappante l'action des cas de surcharge partiels sur les différentes sections.

L'épaisseur uniforme des sommiers est égale à $0^m 22$, et les armatures comportent des barres principales de 16 et 26 millimètres et des étriers de 8 et 12 millimètres de diamètre.

Toiture. — La toiture, qui s'adapte à la forme de la surface supérieure du phosphate emmagasiné, comporte une couverture en tuiles Minard, analogue à celle adoptée par M. Lossier pour le hangar à dirigeable de Montebourg (Manche) et les cinq hangars pour avions de transport en commun de l'Aéroport du Bourget ([1]). Ces tuiles à emboîtement, en mortier riche armé, mesurent $1^m 50 \times 2^m 50$ et pèsent environ 50 kilogr. par mètre carré. Solidement accrochées aux pannes pour éviter leur soulèvement sous l'action du vent ou de la pression d'air intérieure provenant du remplissage de l'accumulateur, elles peuvent néanmoins se dilater librement.

Les pannes supportant ces tuiles reposent sur des fermes de forme appropriée, réunies par des contreventements destinés à assurer leur stabilité longitudinale.

Enfin, de larges chéneaux en béton armé recueillent les eaux de pluie aux points bas de la toiture.

Dispositifs de dilatation. — La question de la dilatation d'un bâtiment de telles dimensions présentait une importance capitale, dans un climat où les variations de la température sont particulièrement brusques et intenses.

Pour en tenir compte, M. Henry Lossier a réuni les deux files longitudinales centrales de poteaux par des croix de Saint-André, de manière à constituer le point fixe de l'accumulateur. Puis, chacun des poteaux des files latérales a été muni de deux articulations : supérieure et inférieure. Ces articulations consistent, comme dans le système Leibbrand, en une coupure franche, dans laquelle on intercale une lamelle plus résistante, d'une largeur égale au tiers environ de celle du poteau. Mais, ici, la lamelle de plomb généralement adoptée est remplacée par une plaquette en mortier de ciment fondu Pavin de Lafarge, de 15 millimètres d'épaisseur, armée par un grillage analogue à celui des tuiles Minard. De plus, l'espace vide restant de part et d'autre de la plaquette en ciment fondu a été rempli après coup par du mortier de ciment Portland qui assure, grâce à son retrait de prise et à son coefficient d'élasticité moins élevé, le freinage des articulations lorsque leur jeu atteint une certaine valeur.

(1) Voir leur description dans le *Génie Civil* du 6 septembre 1919 (t. LXXV, n° 10) et du 27 mai 1922 (t. LXXX. n° 21).

La libre dilatation de l'accumulateur, au droit de la tour qu'il enclave, a nécessité des dispositifs ingénieux, comportant des pendules en béton armé à têtes en acier moulé.

Dans le sens longitudinal, l'accumulateur est sectionné en trois tronçons par deux joints de dilatation. Ces joints sont munis d'un dispositif élastique qui limite leur jeu et qui comporte des feuillards en forme d'S agissant par traction, et des plaques de liège travaillant par compression.

Fondations. — Les poteaux sont terminés à leur base par des semelles carrées, qui reposent elles-mêmes sur des massifs en gros béton fondés sur le rocher.

CALCULS DE RÉSISTANCE.

Les calculs ont été effectués conformément aux instructions de la Circulaire ministérielle du 20 octobre 1906, relative à l'emploi du béton armé.

Le **taux-limite** de la compression du béton est fixé à 0,28 de sa résistance à 90 jours, et le taux-limite de la traction de l'acier, à la moitié de la limite apparente d'élasticité du métal. Le coefficient d'équivalence m fut pris égal à 10 ou à 15, suivant la nature des sollicitations envisagées.

EXÉCUTION.

Tous les éléments ont été moulés sur place, à l'exception des pannes, des barres de contreventement et des tuiles, qui furent exécutées à l'avance.

Le sable et le gravier ont été obtenus par le broyage de matériaux de carrière, sur le chantier.

On a employé : le ciment artificiel Pavin de Lafarge, pour le béton armé proprement dit; le ciment « fondu » Pavin de Lafarge, pour les articulations des poteaux et les pendules de dilatation; le ciment « Le Palmier » pour les tuiles Minard, une partie des fondations et de la superstructure.

Les aciers sont de la qualité « acier doux », avec une limite apparente d'élasticité de 23 à 25 kilogr. par millimètre carré.

L'expérience a démontré le parfait fonctionnement de l'accumulateur, aussi bien sous l'action du phosphate que sous celle des variations linéaires engendrées par le retrait de prise du ciment et les variations thermiques.

Imp. de Vaugirard, H.-L. Motti, dir., 8 à 15, imp. Ronsin, Paris.

9 782329 621197